Anselmo Augusto de Castro

Características Plásticas e Botânicas das Plantas Ornamentais

1ª Edição

Dados Internacionais de Catalogação na Publicação (CIP)
(Câmara Brasileira do Livro, SP, Brasil)

Castro, Aselmo Augusto de
Características plásticas e botânicas das plantas ornamentais / Aselmo Augusto de Castro. -- 1. ed. -- São Paulo : Érica, 2014.

Bibliografia
ISBN 978-85-365-0873-3

1. Jardinagem 2. Paisagismo 3. Plantas ornamentais - Brasil 4. Plantas ornamentais - Técnicas I. Título.

14-07850 CDD-715.3

Índices para catálogo sistemático:
1. Plantas : Paisagismo 715.3

Coordenação Editorial:	Rosana Arruda da Silva
Capa:	Maurício S. de França
Edição de Texto:	Beatriz M. Carneiro, Silvia Campos
Preparação e Revisão de Texto:	Bonie Santos
Produção Editorial:	Adriana Aguiar Santoro, Dalete Oliveira, Graziele Liborni, Laudemir Marinho dos Santos, Rosana Aparecida Alves dos Santos, Rosemeire Cavalheiro
Editoração:	ERJ Composição Editorial
Produção Digital:	Alline Bullara

Contato com o editorial: editorial@editoraerica.com.br

Editora Érica Ltda. | Uma Empresa do Grupo Saraiva
Rua São Gil, 159 - Tatuapé
CEP: 03401-030 - São Paulo - SP
Fone: (11) 2295-3066 - Fax: (11) 2097-4060
www.editoraerica.com.br

Agradecimentos

Agradeço a todos os profissionais das áreas de Botânica e Paisagismo que participaram da minha formação, os quais me incentivaram e ainda tanto me ensinam.

Agradeço também a Luiz Felipe Domingues Passero, pelo convívio e pelo apoio perene.

Sobre o autor

Anselmo Augusto de Castro formou-se em Ciências Biológicas pela Universidade Estadual Paulista Júlio de Mesquita Filho (Unesp) de São Vicente em 2005. Lá, realizou estudos com espécies vegetais da Mata Atlântica. Também tem formação técnica em Paisagismo pelo Serviço Nacional de Aprendizagem Comercial de São Paulo (Senac/SP) desde 2009.

Atualmente, é professor em cursos técnicos de Paisagismo e Jardinagem no Senac/SP e em cursos livres no Jardim Botânico de São Paulo, onde ministra aulas e palestras sobre Botânica, História do Paisagismo e Jardinagem.

Sumário

Capítulo 1 - Características Morfológicas das Plantas 13

1.1 Morfologia vegetal 13

1.1.1 As plantas no meio ambiente 13

1.2 Órgãos vegetativos 15

1.2.1 Folha 16

1.2.2 Caule 16

1.2.3 Raiz 17

1.3 Órgãos reprodutivos 19

1.3.1 Flor 19

1.3.2 Fruto 20

1.4 Diversidade de formas 21

1.4.1 Diversidade de folhas 21

1.4.2 Diversidade de caules 22

1.4.3 Diversidade de raízes 23

1.4.4 Diversidade de flores 23

1.4.5 Diversidade de frutos 24

1.5 Sistema axial 24

1.5.1 Tipos de caules 25

Agora é com você! 26

Capítulo 2 - Principais Grupos de Plantas Ornamentais 27

2.1 Plantas ornamentais 27

2.1.1 Forrações 27

2.1.2 Plantas trepadeiras 29

2.1.3 Arbustos 30

2.1.4 Árvores 32

2.1.5 Palmeiras 33

2.2 Plantas nativas e exóticas 34

2.3 Plantas invasoras 35

Agora é com você! 36

Capítulo 3 - Forrações: Plantas para Cobertura do Solo, Canteiros e Floreiras 37

3.1 Forrações de pleno sol 37

3.1.1 *Acalypha reptans* – família Euphorbiaceae 37

3.1.2 *Agapanthus africanus* – família Amaryllidaceae 38

3.1.3 *Dianthus chinensis* – família Caryophyllaceae 39

3.1.4 *Dietes bicolor* – família Amaryllidaceae 40

3.1.5 *Evolvulus glomeratus* – família Amaryllidaceae 40

3.1.6 *Hemerocallis x hybrida* – família Xanthorrhoeaceae 41

3.1.7 *Senecio douglasii* – família Asteraceae 42

3.1.8 *Tradescantia pallida purpurea* – família Commelinaceae 42

3.1.9 *Lobelia erinus* – família Campanulaceae 43

3.2 Forrações de meia sombra 44

3.2.1 *Caladium x hortulanum* – família Araceae 44

3.2.2 *Ophiopogon japonicus* – família Liliaceae 45

3.2.3 *Peperomia caperata* var *emerald ripple* – família Piperaceae 45

3.2.4 *Pilea cadierei* – família Urticaceae 46

3.2.5 *Spathiphyllum wallisii* – família Araceae 47

3.2.6 *Fittonia verschaffeltii* – família Acanthaceae 47

3.2.7 *Curculigo capitulata* – família Amaryllidaceae 48

3.2.8 *Callisia repens* – família Commelinaceae 49

3.2.9 *Asparagus densiflorus* – família Asparagaceae 49

3.2.10 *Clivia miniata* – família Amaryllidaceae 50

3.3 Floreiras 51

3.3.1 *Calceolaria x herbeohybrida* – família Calceolariaceae 51

3.3.2 *Cyclamen persicum* – família Primulaceae 52

3.3.3 *Impatiens walleriana* – família Balsaminaceae 52

3.3.4 *Pelargonium peltatum* – família Geraniaceae 53

3.3.5 *Petunia x hybrida* – família Solanaceae 54

3.3.6 *Viola x wittrockiana* – família Violaceae 54

Agora é com você! 56

Capítulo 4 - Gramados Esportivos e Ornamentais.. 57

4.1 Uso do gramado..57

4.2 Gramas 58

4.2.1 *Zoysia japonica* – família Poaceae...58

4.2.2 *Cynodon dactylon* – família Poaceae..59

4.2.3 *Axonopus compressus* – família Poaceae 59

4.2.4 *Stenotaphrum secundatum* – família Poaceae..60

4.2.5 *Paspalum notatum* – família Poaceae 61

4.3 Composição de gramado 62

Agora é com você!...68

Capítulo 5 - Arbustos Ornamentais e Cercas Vivas 69

5.1 Arbustos 69

5.1.1 *Buxus sempervirens* – família Buxaceae 69

5.1.2 *Calliandra tweedii* – família Poaceae 70

5.1.3 *Codiaeum variegatum* – família Euphorbiaceae..71

5.1.4 *Hibiscus rosa-sinensis* – família Malvaceae 72

5.1.5 *Hydrangea macrophylla* – família Hydrangeaceae 72

5.1.6 *Ixora chinensis* – família Rubiaceae 73

5.1.7 *Lantana camara* – família Verbenaceae 74

5.1.8 *Duranta erecta* – família Verbenaceae 74

5.1.9 *Rhododendron simsii* – família Ericaceae 75

5.1.10 *Rosa x grandiflora* – família Rosaceae 76

5.2 Uso de cerca viva...76

Agora é com você!...78

Capítulo 6 - Trepadeiras 79

6.1 Plantas trepadeiras..79

6.1.1 *Clerodendrum thomsonae* – família Lamiaceae...79

6.1.2 *Hedera helix* – família Araliaceae..80

6.1.3 *Ipomoea purpurea* – família Convolvulaceae 80

6.1.4 *Parthenocissus tricuspidata* – família Vitaceae 81

6.1.5 *Passiflora alata* – família Passifloraceae 81

6.1.6 *Thunbergia grandiflora* – família Acanthaceae 82

6.1.7 *Thunbergia mysorensis* – família Acanthaceae 82

6.1.8 *Gloriosa rothschildiana* – família Colchicaceae 83

6.1.9 *Vitis vinifera* – família Vitaceae 83

6.1.10 *Epipremnum pinnatum* – família Araceae 84

6.2 Pergolados, caramanchões, muros e paredes 85

Agora é com você! 86

Capítulo 7 - Árvores 87

7.1 Árvores 87

7.1.1 *Bauhinia variegata* – família Leguminosae 87

7.1.2 *Caesalpinia echinata* – família Leguminosae 88

7.1.3 *Caesalpinia ferrea* – família Leguminosae 89

7.1.4 *Ceiba speciosa* – família Bombacaceae 89

7.1.5 *Delonix regia* – família Leguminosae 90

7.1.6 *Erythrina speciosa* – família Leguminosae 91

7.1.7 *Eugenia uniflora* – família Myrtaceae 91

7.1.8 *Jacaranda mimosaefolia* – família Bignoniaceae 92

7.1.9 *Lagerstroemia indica* – família Lythraceae 93

7.1.10 *Plinia cauliflora* – família Myrtaceae 93

7.1.11 *Plumeria rubra* – família Apocynaceae 94

7.1.12 *Handroanthus impetiginosus* – família Bignoniaceae 95

7.1.13 *Tibouchina mutabilis* – família Melastomataceae 95

7.1.14 *Tipuana tipu* – família Leguminosae 96

7.1.15 *Araucaria angustifolia* – família Araucariaceae 96

7.2 Arvoredos e bosques 97

Agora é com você! 98

Capítulo 8 - Palmeiras 99
8.1 Lista de espécies 99
8.1.1 *Caryota mitis* – família Arecaceae 99
8.1.2 *Dypsis decaryi* – família Arecaceae 100
8.1.3 *Dypsis lutescens* – família Arecaceae 101
8.1.4 *Licuala grandis* – família Arecaceae 102
8.1.5 *Phoenix roebelenii* – família Arecaceae 103
8.1.6 *Roystonea oleracea* – família Arecaceae 104
8.1.7 *Roystonea regia* – família Arecaceae 105
8.1.8 *Syagrus romanzoffiana* – família Arecaceae 106
8.1.9 *Livistona chinensis* – família Arecaceae 107
8.1.10 *Archontophoenix cunninghamiana* – família Arecaceae 108
8.2 Uso paisagístico 109
Agora é com você! 112

Capítulo 9 - Plantas para Interiores 113
9.1 Lista de plantas 113
9.1.1 *Rhapis excelsa* – família Arecaceae 113
9.1.2 *Adiantum raddianum* – família Pteridaceae 114
9.1.3 *Guzmania lingulata* – família Bromeliaceae 115
9.1.4 *Begonia masoniana* – família Begoniaceae 115
9.1.5 *Spathiphyllum wallisii* – família Araceae 116
9.1.6 *Dracaena fragrans* – família Asparagaceae 116
9.1.7 *Maranta leuconeura* – família Marantaceae 117
9.1.8 *Saintpaulia ionantha* – família Gesneriaceae 117
9.1.9 *Zamioculcas zamiifolia* – família Araceae 118
9.1.10 *Anthurium andraeanum* – família Araceae 118
9.2 Uso paisagístico 119
Agora é com você! 120

Capítulo 10 - Composição Plástica 121

10.1 Escolha das plantas 121

10.2 Forma e proporção 124

10.3 Cores 127

10.4 Folhagens 130

Agora é com você! 132

Bibliografia 133

Apresentação

O conhecimento da morfologia vegetal é de grande importância para compreender a Botânica e suas áreas de aplicação, como a Agronomia e o Paisagismo.

Os órgãos vegetativos e reprodutivos são estruturas que, além de participar do desenvolvimento e da reprodução das plantas, também oferecem uma variedade de formas plásticas de interesse ornamental.

O objetivo desta obra é apresentar as diversas características plásticas e botânicas, vinculando-as aos grupos mais utilizados no paisagismo e ajudando o leitor na escolha das espécies mais adequadas para o desenvolvimento e para a implantação de belos jardins.

O Capítulo 1 trata das características morfológicas das plantas e detalha os órgãos vegetais, suas formas e suas funções, ressaltando como essas estruturas são importantes para a sobrevivência das plantas e para sua interação com o meio ambiente.

O Capítulo 2 aborda os principais grupos de plantas ornamentais, dividindo-os em forrações, plantas trepadeiras, arbustos, árvores e palmeiras.

Esses temas serão trabalhados posteriormente, em capítulos específicos – forrações é o tema do Capítulo 3; gramados esportivos e ornamentais serão debatidos no quarto capítulo; arbustos e cercas vivas, no quinto; trepadeiras, no sexto capítulo; árvores, no Capítulo 7; os tipos de palmeiras serão apresentados no oitavo; no Capítulo 9 serão estudas as plantas para interiores; e, por fim, a composição plástica das plantas serão o foco do décimo capítulo.

Ao oferecer um panorama das principais plantas ornamentais utilizadas no paisagismo brasileiro, o livro procura auxiliar o trabalho técnico de criação de áreas verdes. Essas informações são fundamentais para auxiliar o paisagista na elaboração de um projeto, pois, para cada espécie, são relacionados nome científico, nome popular, origem, porte e diâmetro, além de curiosidades sobre as espécies.

O autor

Características Morfológicas das Plantas

Para começar

Este capítulo tem por objetivo apresentar as características morfológicas das plantas, detalhando os órgãos vegetais, suas formas e suas funções, procurando mostrar ao leitor como essas estruturas são importantes para a sobrevivência das plantas e para sua interação com o meio ambiente. As informações apresentadas são a base necessária para entender de forma gradual os demais conceitos e para fazer uma correta escolha de espécies vegetais nos projetos de paisagismo.

1.1 Morfologia vegetal

A morfologia vegetal é uma subárea da botânica, que estuda as formas e estruturas dos órgãos e tecidos dos vegetais auxiliando assim no entendimento da função destes seres vivos.

1.1.1 As plantas no meio ambiente

As plantas, como todos os seres vivos, têm como objetivo sobreviver e deixar descendentes. Para cumprir essas funções, utilizam vários órgãos, que são estudados pela morfologia vegetal. Os principais órgãos da estrutura de uma planta são: folha, caule, raiz, flor e fruto (Figura 1.1). Para sobreviver, os vegetais necessitam de energia e nutrientes. A energia é obtida por meio da fotossíntese, reação que ocorre nos órgãos que contêm clorofila, principalmente nas folhas. Basicamente, nessa reação, as plantas absorvem gás carbônico da atmosfera e eliminam oxigênio. O transporte dos produtos dessa reação (seivas) ocorre em estruturas internas do caule. Para se fixar e obter nutrientes do solo, a planta utiliza as raízes; para garantir sua descendência, utiliza órgãos reprodutivos, flor e fruto.

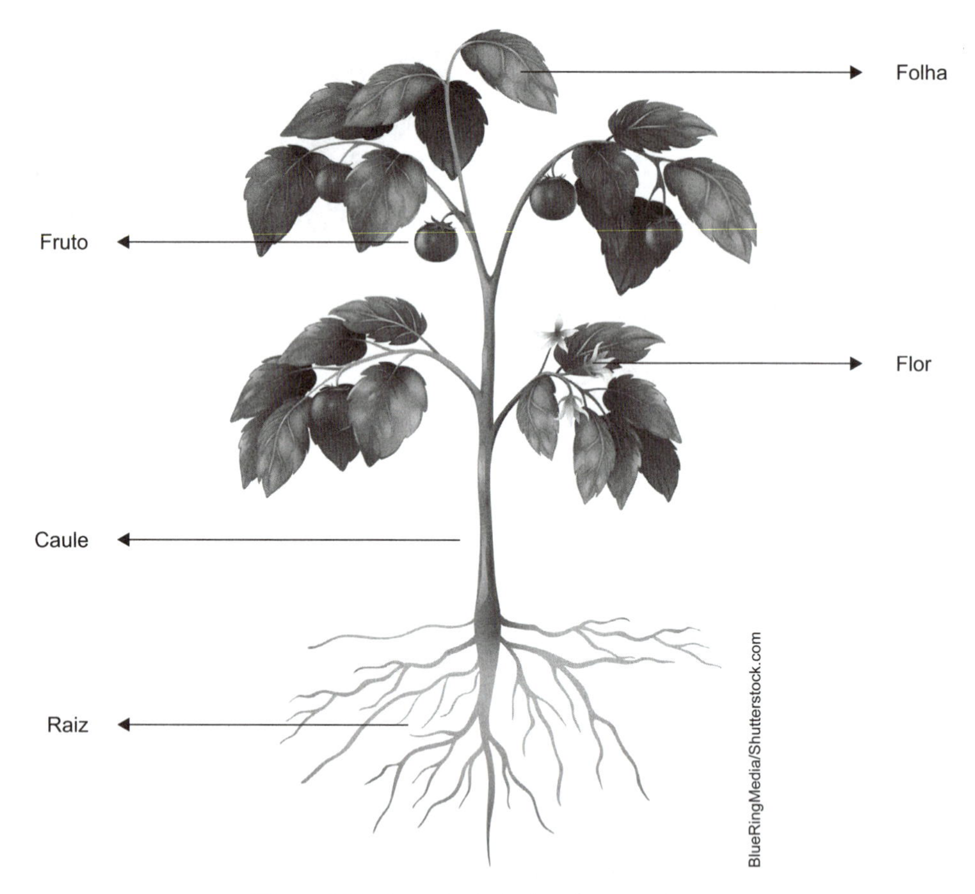

Figura 1.1 – Principais órgãos de uma planta.

1.1.1.1 Fotossíntese

A fotossíntese (Figura 1.2) é um fenômeno natural que ocorre no mundo vegetal. É uma reação química que transforma água, gás carbônico e sais minerais em açúcares (glicose, celulose etc.). Na Figura 1.3, vemos a reação química da fotossíntese. Observe que é necessária a participação da energia da luz solar ou artificial para que a reação ocorra.

Os produtos dessa reação são os carboidratos, na forma de glicose, oxigênio e vapor de água. Lembre-se de que o oxigênio e o vapor de água são resíduos devolvidos para a atmosfera. Os carboidratos serão úteis para o crescimento do tecido vegetal e como aporte de energia para outras reações químicas do metabolismo das plantas. Todos os vegetais realizam essa reação porque possuem um pigmento chamado clorofila, responsável pela absorção da energia solar.

Figura 1.2 – Fotossíntese.

luz

Gás carbônico + água → glicose + água + vapor de água

Ou luz

$CO_2 + H_2O \rightarrow C_6H_{12}O_6 + O_2 + H_2O$

Figura 1.3 – Reação química da fotossíntese.

Fique de olho!

A clorofila é um pigmento que faz com que plantas sejam percebidas pelos nossos olhos com a cor verde. Outros pigmentos também são encontrados nos vegetais, com outras cores e funções, como o caroteno (tons alaranjados) e a antocianina (tons azuis). Algumas algas contêm clorofila e são responsáveis, junto com as plantas terrestres, por boa parte do oxigênio disponível na atmosfera.

1.2 Órgãos vegetativos

Os órgãos vegetativos são responsáveis pela fixação, pelo crescimento, pela rigidez e pela absorção de energia e de nutrientes nas plantas. São muito importantes, pois permanecem no vegetal por um período maior que os órgãos reprodutivos. Você já observou que as plantas apresentam o corpo dividido em órgãos vegetativos (folha, caule e raiz)?

1.2.1 Folha

As folhas das plantas apresentam grande diversidade de formas, cores e dimensões. São responsáveis pela fotossíntese (fixação de carbono e liberação de oxigênio, pela respiração (absorção de oxigênio) e pela transpiração (perda de água, que ajuda no controle de temperatura do vegetal). A folha se divide em limbo, pecíolo e bainha.

» Limbo: considerada a parte principal da folha, na verdade o limbo é a própria folha, já que é toda a superfície ampla e achatada, o que facilita a captação de luz para a fotossíntese e a troca dos gases.

» Pecíolo: é a ligação do caule com a folha, e é por meio dele que ocorre a troca de seiva bruta e seiva elaborada entre caule e folhas.

» Bainha: tem a função de prender a folha ao caule; também existem folhas sem bainha.

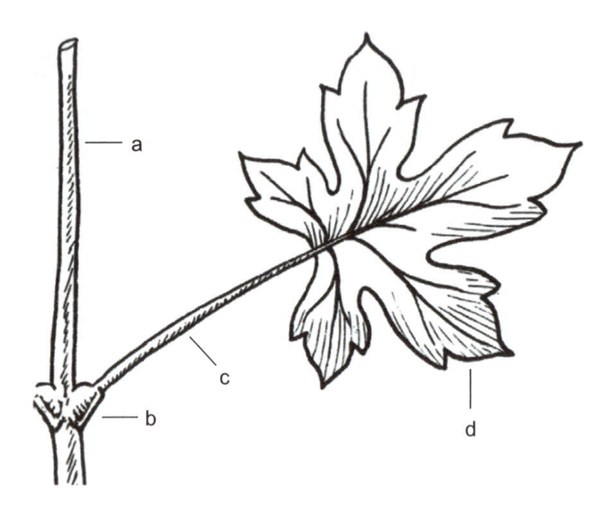

Figura 1.4 – Folha: (a) caule, (b) bainha, (c) pecíolo e (d) limbo.

Exercício resolvido

Qual a importância das folhas para as plantas? As folhas são responsáveis pela fotossíntese, pela respiração e pela transpiração.

Por que a atmosfera é rica em oxigênio? Isso é resultado da produção de oxigênio como resíduo na reação de fotossíntese. Algas verdes e plantas terrestres têm uma grande contribuição na produção desse gás.

1.2.2 Caule

O caule é a estrutura responsável pelo transporte das seivas ricas em carboidratos ou sais minerais que circulam pela planta. Também é responsável pela sustentação do corpo da planta. O caule é mais rígido em razão da associação entre celulose e lignina. Há três tipos de caule, conforme a consistência da planta:

» Caule herbáceo: caule macio ou maleável e, consequentemente, com acúmulo de celulose junto à parede celular (pode, geralmente, ser cortado apenas com a unha). Presente em ervas. Sem lignina.

» Caule semilenhoso: é lignificado apenas na parte mais velha, na base do caule, junto à raiz, e ocorre em muitos arbustos.

» Caule lenhoso: amplamente lignificado, rígido e, em geral, de porte avantajado. Forma, por exemplo, os troncos das árvores.

Figura 1.5 – Tipos de caule. (a) Caule herbáceo; (b) Caule semilenhoso e (c) Caule lenhoso

1.2.3 Raiz

A raiz é o órgão responsável pela fixação da planta ao solo e também pela absorção de água e de nutrientes. Mesmo não visível, por estar sob o solo, é de vital importância. Práticas de jardinagem, como a irrigação (aporte de água) e a adubação (aporte de nutrientes), dependem de que este órgão esteja bem formado e sem lesões.

Nas pontas da raiz, existem pelos absorventes, e é nessa região ativa que ocorre a absorção de água e de nutrientes. São conhecidos também como órgãos de reserva. Em alguns momentos, os carboidratos são reservados para serem utilizados posteriormente para crescimento e produção de folhas, flores e frutos novos.

Existem vários tipos de raiz, como raiz fascicular, raiz axial ou pivotante, raiz tuberosa e raiz aérea ou adventícia.

(a) Raiz fasciculada

(b) Raiz aérea

(c) Raiz axial

(d) Raiz tuberosa

Figura 1.6 – Tipos de raiz.

1.3 Órgãos reprodutivos

Os órgãos reprodutivos das plantas participam da reprodução sexual, por meio da polinização e da dispersão de sementes dos frutos. Embora as plantas possam também se reproduzir por outras partes vegetativas, na forma de novas mudas ou clones, a reprodução sexual garante maior variabilidade genética, assegurando novas formas, funções e adaptações na história evolutiva das plantas. Alguns exemplos são: maior resistência às pragas e doenças, maior quantidade de flores ou perfume mais ou menos intenso.

A polinização é a transferência do pólen das anteras de uma flor masculina para o pistilo e os ovários de uma flor feminina da mesma espécie. O pólen é o gameta masculino de uma planta com flor. Após a polinização, podemos dizer que a planta foi fecundada e, após a fecundação, a flor sofrerá modificações que darão origem ao fruto, dentro do qual estarão as sementes.

Figura 1.7 – Órgãos reprodutivos: flor e fruto.

1.3.1 Flor

A flor é o órgão sexual das plantas, de que depende a reprodução sexual. As flores surgem quando a planta já está adulta e são induzidas pela quantidade de luz e de nutrientes presente nas plantas. Cada planta tem uma época de florescimento no ano. Existem plantas masculinas, femininas e hermafroditas. As estruturas masculinas juntas formam o androceu (estames e as anteras). Dentro das anteras estão os grãos de pólen (gametas masculinos). As estruturas femininas juntas formam o gineceu (estigma, estilete e ovários). Dentro dos ovários estão os óvulos (gametas femininos). As pétalas protegem o androceu e o gineceu e as sépalas protegem as demais estruturas. O pedúnculo floral prende a flor ao caule. Observe essas estruturas na Figura 1.8.

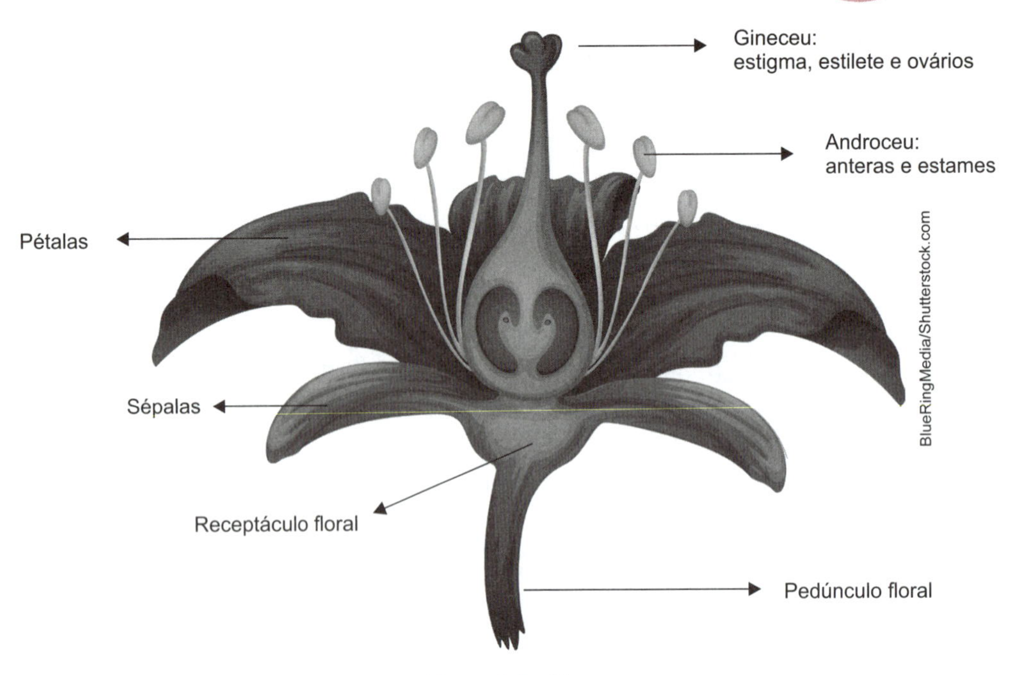

Figura 1.8 – Flor.

1.3.2 Fruto

O fruto é um órgão reprodutivo que foi fecundado pelo processo de polinização. Podemos dizer que o fruto é o ovário fecundado e expandido da flor. Ele contém a semente do novo indivíduo daquela espécie de planta, e pode ser carnoso ou seco. O fruto se divide em quatro partes: epicarpo, mesocarpo, endocarpo e semente.

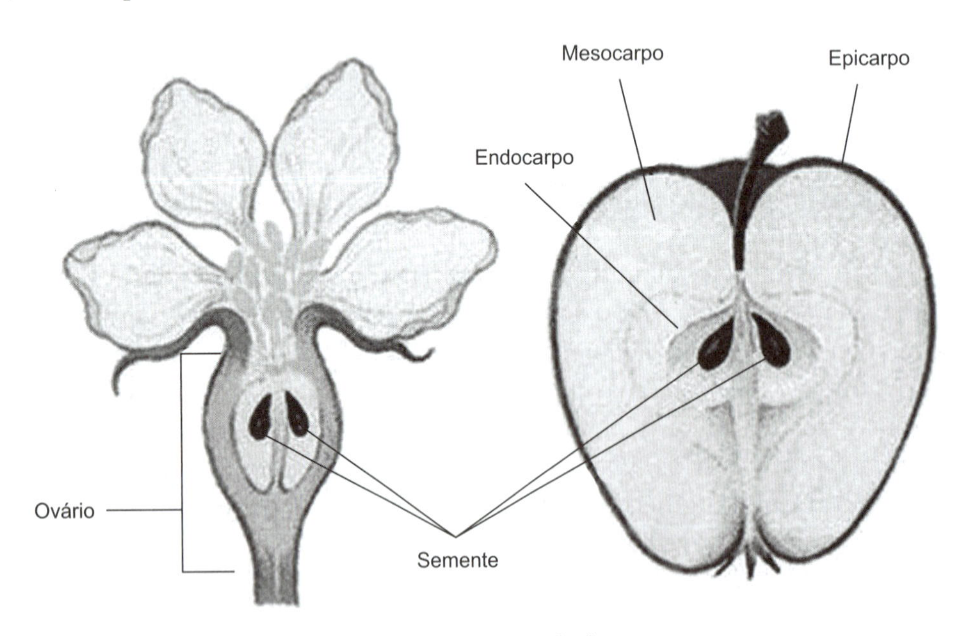

Figura 1.9 – Partes do fruto.

Figura 1.10 – Tipos de fruto. (a) maçã, fruto carnoso; (b) pêssego, fruto carnoso e (c) ervilha, fruto seco.

1.4 Diversidade de formas

A diversidade plástica de formas existentes nas plantas é enorme. Essas diferentes formas de órgãos surgiram com a evolução. Mutações, adaptações e pressões ambientais foram responsáveis por esta diversidade. Os diferentes tipos de folhas, caules, raízes, flores e frutos, além de possuírem diferentes funções na vida dos vegetais, nos oferecem um conjunto diverso de texturas, desenhos e características sensoriais que podem ser aplicados no paisagismo.

1.4.1 Diversidade de folhas

Existem muitas formas e texturas nas plantas, que podem ser estudadas e utilizadas na composição de jardins. Vários indivíduos da mesma espécie, quando plantados juntos, criam um desenho próprio. A seguir, o apresentamos uma breve mostra das diferentes formas dos órgãos das plantas.

Figura 1.11 – Formas de folhas.

1.4.2 Diversidade de caules

Figura 1.12 – Formas de caule.

1.4.3 Diversidade de raízes

Potapov Alexander/Shutterstock.com

Figura 1.13 – Formas de raiz.

1.4.4 Diversidade de flores

april70/Shutterstock.com

Figura 1.14 – Formas de flores.

1.4.5 Diversidade de frutos

Figura 1.15 – Formas de frutos.

1.5 Sistema axial

Com a evolução das plantas terrestres, o sistema axial tornou-se fundamental para a origem dos órgãos. O caule ocupou um papel importante nesse sistema (uma posição central ou axial de ligação entre as regiões fotossintéticas (folhas) e as regiões absortivo-fixadoras (raízes). O caule apresenta gema apical, nós, entrenós e gemas axilares (Figura 1.16).

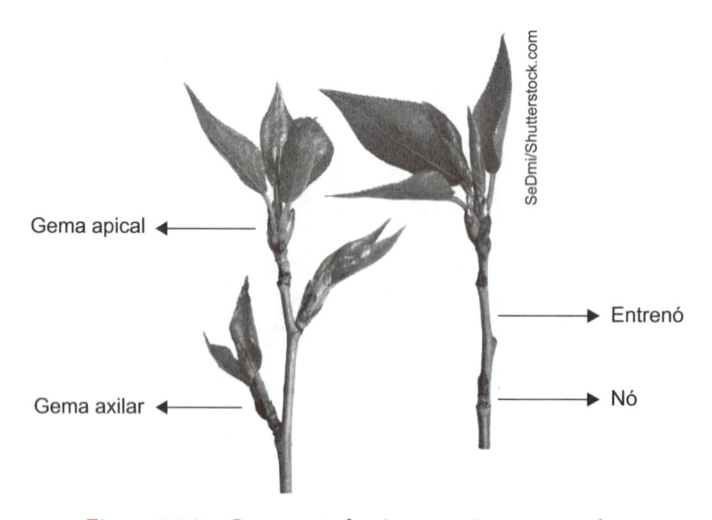

Figura 1.16 – Gema apical, nó, entrenó e gema axilar.

1.5.1 Tipos de caules

Os caules podem ter formas aéreas (haste, tronco, colmo e estipe) ou subterrâneas (rizoma, tubérculo e bulbo).

Figura 1.17 – Formas de caules aéreos: (a) haste, (b) tronco, (c) colmo e (d) estipe.

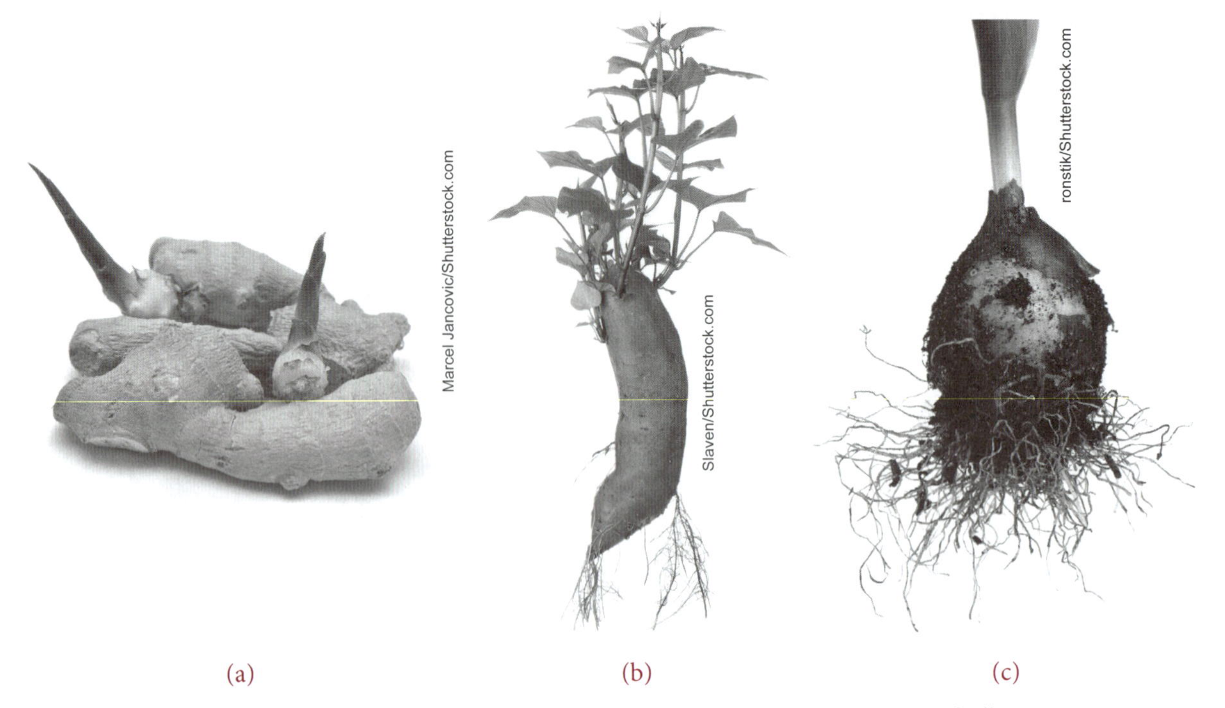

Figura 1.18 – Formas de caule subterrâneo: (a) rizoma, (b) tubérculo e (c) bulbo.

Vamos recapitular?

São descritas no capítulo as características gerais da morfologia das plantas, seus principais órgãos e sua relação com o meio ambiente.

Você pode ver também a enorme variação de formas plásticas dessas estruturas, adaptadas para cada grupo vegetal. Nos próximos capítulos, veremos essa diversidade em cada um desses grupos, bem como seu uso no paisagismo.

Agora é com você!

1) Faça um desenho de observação de uma planta completa e nomeie todos os órgãos vegetativos e reprodutivos.

2) Desenhe ou fotografe as variadas formas dos órgãos das plantas de sua casa ou escola. Depois, monte com eles um painel de composição.

3) Quais são os tipos de caule presentes nos vegetais?

4) Quais órgãos são responsáveis pela reprodução das plantas?

Principais Grupos de Plantas Ornamentais

Para começar

Este capítulo tem por objetivo apresentar os principais grupos de plantas ornamentais, que se dividem em forrações, plantas trepadeiras, arbustos, árvores e palmeiras. As informações apresentadas são a base necessária para entender suas características e seus usos em projetos de paisagismo.

2.1 Plantas ornamentais

As plantas ornamentais são aquelas utilizadas para embelezar um ambiente. São reconhecidas por suas características plásticas, como cor das flores, texturas e formas de folhas ou até mesmo padrões de caules. O paisagista, com essas plantas, torna o espaço mais agradável.

2.1.1 Forrações

Forrações são plantas de pequeno porte, geralmente herbáceas, que são utilizadas para compor a parte do jardim que fica mais próxima ao solo. Podem ou não aceitar pisoteio; no caso das gramas, por exemplo, o pisoteio é tolerado. Existem forrações de pleno sol e de meia sombra. As forrações apresentam cores e texturas diversas e o atrativo ornamental está nas flores ou nas folhas. Essas plantas funcionam como revestimento e proteção do solo contra erosão, contribuem para aumentar a área permeável e criam a sensação de tapete no terreno. Geralmente atingem o porte máximo de 0,5 m.

2.1.1.1 Forrações de pleno sol

As forrações de pleno sol estão adaptadas à condição de maior luminosidade. Sua utilização é indicada para áreas abertas em grandes canteiros. Geralmente são plantas com florescimento vistoso. Um grande conjunto plantado de espécies de forração forma o que, em paisagismo, chamamos de manchas de forração. No entanto, é necessário respeitar o espaçamento entre as mudas para garantir um bom crescimento. Na Figura 2.1, vemos um exemplo de canteiro de forração de pleno sol.

Apresentaremos várias espécies ornamentais utilizadas como forração no Capítulo 3.

AlinaMD/shutterstock.com

Figura 2.1 – Canteiro de forração de pleno sol.

2.1.1.2 Forrações de meia sombra

Elena Elisseeva/Shutterstock.com

Figura 2.2 – Canteiro de forração de meia sombra.

As forrações de meia sombra são plantas adaptadas à condição de menor luminosidade. Sua utilização é indicada para áreas sombreadas, como sob árvores, em pergolados ou onde haja pouca luz direta do sol durante boa parte do dia. Na natureza, essas plantas ficam no nível inferior de uma floresta ou de um bosque. Seu atrativo ornamental está principalmente nas folhas. Na Figura 2.2, vemos um exemplo de canteiro de forração de meia sombra.

2.1.2 Plantas trepadeiras

As plantas trepadeiras são aquelas que necessitam de suporte para crescer. Geralmente são herbáceas ou semilenhosas. Apresentam caule longo, delgado e flexível. No paisagismo, são muito utilizadas para cobrir pórticos, caramanchões, pergolados, cercas e muros. Organizam o espaço e podem criar o teto ou a lateral de um jardim. São muito úteis para pequenas áreas. Dividem-se em sarmentosas, volúveis e escandentes. As sarmentosas utilizam órgãos de fixação, como gavinhas e raízes grampiformes; as volúveis crescem enrolando seu caule sobre estruturas verticais; e as escandentes crescem sozinhas até certa altura, mas necessitam de um suporte para que seus ramos se espalhem e se tornem pendentes.

Figura 2.3 – Trepadeiras.

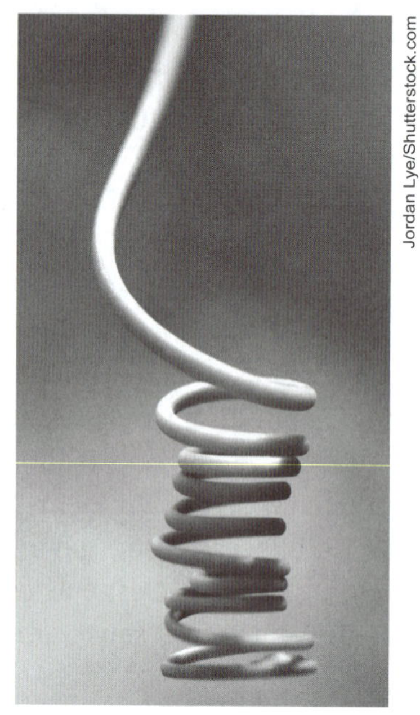

Jordan Lye/Shutterstock.com

PHOTO FUN/shutterstock.com

(a) gavinha

(b) raízes grampiformes

Figura 2.4 – Estruturas de fixação.

2.1.3 Arbustos

Os arbustos são plantas de médio porte, que podem ou não ter flores ornamentais. A ramificação do caule é bem próxima ao solo, e não é possível determinar um eixo principal. Os arbustos podem ser lenhosos ou semilenhosos. São utilizados para delimitar setores ou cercas vivas, quando plantados em conjunto, ou com função escultural, se plantados isoladamente. Há arbustos altos e baixos, geralmente de 0,5 a 3,0 m. Diferentemente das árvores, podem se desenvolver em solos pouco profundos.

Denys Kurylow/shutterstock.com

Maksym Bondarchuk/shutterstock.com

Figura 2.5 – Arbustos sem poda.

Michele Paccione/shutterstock.com

kongsky/Shutterstock.com

Figura 2.6 – Arbustos podados (topiaria).

2.1.4 Árvores

As árvores são plantas de grande porte e crescimento rápido. É visível um eixo principal (tronco) e sua ramificação ocorre na parte mais alta do vegetal, formando a copa. Existe um grande número de tipos e formas de árvores. Há árvores de pequeno porte, com altura mínima de 3 metros, e árvores de grande porte, que podem chegar a muito mais que 20 metros. Seu tempo de vida também é diferente dos outros tipos de plantas: são seres que vivem muito tempo. Algumas como as sequoias vivem mais de 1.000 anos, mas são exceções. A maioria vive em média 50 anos a 300 anos.

Seu uso paisagístico traz uma sensação de cobertura, oferecendo sombra e frescor ao ambiente. É possível, inclusive, criar pequenos bosques e delimitar setores. Seu caráter plástico ornamental está no caule, nas folhas, nas flores e nos frutos. Algumas perdem as folhas em determinada época do ano, deixando os galhos expostos.

Fique de olho!

As palmeiras e as árvores têm nomes diferentes para seu caule. O caule da palmeira é o estipe, já o das árvores é conhecido por tronco.

vector photo video/Shuttestock.com

Figura 2.7 – Exemplos de árvores.

2.1.5 Palmeiras

As palmeiras são vegetais com uma forma bem característica. Apresentam um caule vertical sem ramificação, conhecido como estipe. Suas folhas grandes e pendentes são geralmente inseridas em espiral na extremidade do caule. Há palmeiras muito ornamentais, com formatos de folhas e caule diversos. Seu uso no paisagismo traz um caráter tropical e, quando são de grande porte, trazem consigo um efeito imponente.

Figura 2.8 – Exemplos de palmeiras.

2.2 Plantas nativas e exóticas

As plantas podem ser nativas, quando ocorrem de forma natural em determinada região, ou exóticas, quando se estabelecem em território estranho ao seu ambiente de origem. A informação sobre a origem das plantas ornamentais é essencial para a realização de um bom projeto de paisagismo, pois respeitar o clima de origem, as necessidades de solo e as diversas adaptações das plantas garantem boa implantação e longevidade nos jardins. Uma escolha adequada de plantas nativas contribui com a conservação ambiental. Porém, é preciso manter a atenção, já que muitas espécies nativas estão em risco de extinção.

(a)

hwongcc/Shutterstock.com

(b)

Figura 2.9 – Bromélia *Aechmea fasciata* (a) (planta nativa do Brasil) e rosa *Rosa ssp* (b) (planta de origem chinesa).

2.3 Plantas invasoras

Algumas espécies exóticas podem se tornar invasoras quando dominam uma nova região. São altamente eficientes na competição por recursos, o que as leva a dominar as espécies nativas originais. Possuem também alta capacidade reprodutiva e de dispersão, prejudicando as interações ecológicas. Seu controle deve ser realizado seguindo estas recomendações:

» Compre sempre terra de boa qualidade e que não esteja contaminada com sementes ou raízes.

» Não permita que floresçam, pois algumas plantas invasoras produzem muitas sementes, que logo se espalharão por todo o jardim.

» Em último caso, use herbicidas recomendados por um profissional da área, como um agrônomo.

JOEYSTUDIO/Shutterstock.com

(a)

noppharat/Shutterstock.com

(b)

Figura 2.10 – Exemplos de plantas invasoras: (a) eucalipto e (b) agave.

Vamos recapitular?

Neste capítulo, apresentamos os principais grupos de plantas ornamentais usadas no paisagismo: forrações de pleno sol e meia sombra, trepadeiras, arbustos, árvores e palmeiras. Você também aprendeu o que são plantas nativas, exóticas e invasoras.

Agora é com você!

1) Faça um registro (com fotos ou desenhos) das espécies ornamentais existentes em um local próximo a você. Divida essas imagens por grupos de plantas, conforme estudamos neste capítulo.
2) Desenhe um caule de arbusto, um caule de palmeira e um caule de árvore. Explique quais são as principais diferenças entre eles.
3) Faça uma pesquisa sobre as plantas que são consideradas invasoras no local onde você mora.
4) Descubra qual palmeira é nativa de sua região.

3

Forrações: Plantas para Cobertura do Solo, Canteiros e Floreiras

Para começar

Neste capítulo, você conhecerá as forrações mais utilizadas no paisagismo, que se dividem em forrações de pleno sol e meia sombra. Algumas podem ser utilizadas em floreiras. Discutiremos suas características botânicas, ecológicas e ornamentais.

3.1 Forrações de pleno sol

As forrações de pleno sol são utilizadas em espaços abertos nos quais há grande luminosidade. Geralmente é usada em plantio de maciços, como canteiros com grande número de indivíduos da mesma espécie.

3.1.1 *Acalypha reptans* – família Euphorbiaceae

» Nomes populares: acalifa-rasteira, rabo-de-gato

» Origem: Índia

» Altura: 15-20 cm

» Diâmetro: 30 cm

» Parte ornamental: inflorescências vermelhas dispostas acima da folhagem.

» Uso: canteiros e grandes grupos.

Jacqui Martin/Shutterstock.com

Figura 3.1 – *Acalypha reptans.*

Fique de olho!

Família botânica é o nome dado a uma categoria ou um conjunto de plantas que compartilham parentesco genético e características morfológicas.

3.1.2 *Agapanthus africanus* – família Amaryllidaceae

» Nome popular: agapanto

» Origem: África do Sul

» Altura: 30-60 cm

» Diâmetro: 80 cm

» Parte ornamental: inflorescências globosas, densas, azuis ou brancas.

» Uso: bordaduras, jardineiras e canteiros.

Figura 3.2 – *Agapanthus africanus.*

3.1.3 *Dianthus chinensis* – família Caryophyllaceae

» Nome popular: cravina
» Origem: Ásia e Europa
» Altura: 40 cm
» Diâmetro: 30 cm
» Parte ornamental: inflorescências solitárias vermelhas, róseas, roxas ou com mais de uma cor.
» Uso: bordaduras e canteiros.

Figura 3.3 – *Dianthus chinensis.*

3.1.4 *Dietes bicolor* – família Amaryllidaceae

- Nome popular: moreia
- Origem: África do Sul
- Altura: 50-70 cm
- Diâmetro: 60 cm
- Parte ornamental: inflorescências amarelas com manchas marrom-escuras no centro.
- Uso: bordaduras e grandes maciços isolados.

Martin Fowler/shutterstock.com

Figura 3.4 – *Dietes bicolor.*

3.1.5 *Evolvulus glomeratus* – família Amaryllidaceae

- Nome popular: azulzinha
- Origem: Brasil
- Altura: 30 cm
- Diâmetro: 60 cm
- Parte ornamental: flores azuis pequenas produzidas o ano todo.
- Uso: bordaduras, jardineiras e canteiros.

Figura 3.5 – *Evolvulus glomeratus.*

3.1.6 *Hemerocallis x hybrida* – família Xanthorrhoeaceae

» Nomes populares: hemerocale, lírio-de-são-joão

» Origem: Brasil

» Altura: 80 cm

» Diâmetro: 30 cm

» Parte ornamental: flores amarelas ou laranjas pequenas produzidas o ano todo.

» Uso: bordaduras, jardineiras e canteiros.

Figura 3.6 – *Hemerocallis x hybrida.*

3.1.7 *Senecio douglasii* – família Asteraceae

- Nome popular: cinerária
- Origem: Estados Unidos
- Altura: 50-90 cm
- Diâmetro: 40 cm
- Parte ornamental: folhagem cinza aveludada.
- Uso: bordaduras e conjuntos extensos.

Rob Hille/Wikimedia Commons

Figura 3.7 – *Senecio douglasii.*

3.1.8 *Tradescantia pallida purpurea* – família Commelinaceae

- Nome popular: trapoeraba-roxa
- Origem: México
- Altura: 25 cm
- Diâmetro: 60 cm
- Parte ornamental: folhas roxas pubescentes muito decorativas.
- Uso: maciços extensos.

Wouterhagens/Wikimedia Commons

Figura 3.8 – *Tradescantia pallida purpurea.*

Fique de olho!

Pubescente é um termo botânico que define uma parte da planta que é coberta por pelos finos, curtos e macios.

3.1.9 *Lobelia erinus* – família Campanulaceae

- Nome popular: lobélia-azul
- Origem: África do Sul
- Altura: 15-20 cm
- Diâmetro: 40 cm
- Parte ornamental: flores pequenas nas cores azul e violeta.
- Uso: maciços, jardineiras e vasos

Aka/Wikimedia Commons

Figura 3.9 – *Lobelia erinus.*

Fique de olho!

O uso de canteiros floridos de pleno sol atingiu seu ápice criativo no estilo de jardim francês. Canteiros baixos com desenhos elaborados ficaram conhecidos com o nome de parterre.

3.2 Forrações de meia sombra

As forrações de meia sombra são utilizadas em espaços com menos luminosidade, isto é, locais claros, porém sem incidência direta de raios do sol. Seu uso está associado aos jardins tropicais, geralmente com espécies de folhagens ornamentais.

3.2.1 *Caladium x hortulanum* - família Araceae

» Nomes populares: caládio, coração-de-jesus

» Origem: América tropical

» Altura: 70 cm

» Diâmetro: 1 m

» Parte ornamental: folhas coloridas em tons de vermelho, branco e verde.

» Uso: canteiros ou vasos.

Anne Kitzman/Shutterstock.com

Figura 3.10 – *Caladium x hortulanum.*

3.2.2 *Ophiopogon japonicus* – família Liliaceae

» Nome popular: grama-preta

» Origem: China e Japão

» Altura: 20-30 cm

» Diâmetro: 15 cm

» Parte ornamental: folhas lineares, finas, verde-escuras e recurvadas. Existe a variedade anã, chamada Ophiopogon japonicus var. Nana.

» Uso: canteiros ou vasos

EurngKwan/Shutterstock.com

Figura 3.11 – *Ophiopogon japonicus.*

3.2.3 *Peperomia caperata* var *emerald ripple* – família Piperaceae

» Nome popular: peperômia-marrom

» Origem: Brasil

» Altura: 20-25 cm

» Diâmetro: 40 cm

» Parte ornamental: folhas verdes sulcadas de tom amarronzado.

» Uso: maciços, vasos e jardineiras.

Tharakorn Arunothai/Shutterstock.com

Figura 3.12 – *Peperomia caperata var. emerald ripple.*

3.2.4 *Pilea cadierei* – família Urticaceae

» Nomes populares: alumínio, pileia, planta-alumínio

» Origem: Vietnã

» Altura: 20-30 cm

» Diâmetro: 30 cm

» Parte ornamental: folhas verdes com partes prateadas.

» Uso: canteiros, maciços e vasos.

EurngKwan/Shutterstock.com

Figura 3.13 – *Pilea cadierei.*

3.2.5 *Spathiphyllum wallisii* – família Araceae

» Nomes populares: lírio-da-paz, bandeira-branca
» Origem: Venezuela e Colômbia
» Altura: 30-40 cm
» Diâmetro: 60 cm
» Parte ornamental: folhas brilhantes e espata branca.
» Uso: canteiros ou vasos

Figura 3.14 – *Spathiphyllum wallisii.*

3.2.6 *Fittonia verschaffeltii* – família Acanthaceae

» Nomes populares: fitônia, planta-mosaico
» Origem: Brasil (Acre)
» Altura: 10-15 cm
» Diâmetro: 25 cm
» Parte ornamental: folhas verde-escuras com nervuras vermelhas.
» Uso: canteiros irrigados, não tolera frio.

Figura 3.15 – *Fittonia verschaffeltii.*

3.2.7 *Curculigo capitulata* – família Amaryllidaceae

- Nomes populares: curculigo, capim-palmeira
- Origem: Ásia tropical
- Altura: 40-80 cm
- Diâmetro: 1 m
- Parte ornamental: folhas plissadas semelhantes às das palmeiras.
- Uso: conjuntos, acompanhando muros ou paredes.

Figura 3.16 – *Curculigo capitulata.*

3.2.8 *Callisia repens* – família Commelinaceae

- Nome popular: dinheiro-em-penca
- Origem: América do Sul
- Altura: 10 cm
- Diâmetro: 50 cm
- Parte ornamental: folhas cerosas formando um tapete denso.
- Uso: conjuntos, acompanhando jardins rochosos.

Alexander Bark/Shutterstock.com

Figura 3.17 – *Callisia repens*.

Fique de olho!

Cerosa é um termo botânico que define uma parte da planta que é coberta por cera. Essa cera ajuda a planta a evitar transpiração excessiva, protegendo-a contra desidratação.

3.2.9 *Asparagus densiflorus* – família Asparagaceae

- Nome popular: aspargo-ornamental
- Origem: África do Sul
- Altura: 100 cm
- Diâmetro: 70 cm
- Parte ornamental: numerosas hastes pendentes com ramagem com folhas em forma de agulha.
- Uso: conjuntos, acompanhando muros ou paredes.

Figura 3.18 – *Asparagus densiflorus.*

3.2.10 *Clivia miniata* – família Amaryllidaceae

- Nome popular: clívia
- Origem: África do sul
- Altura: 40 cm
- Diâmetro: 80 cm
- Parte ornamental: inflorescências firmes de cor alaranjada.
- Uso: conjuntos e maciços.

Figura 3.19 – *Clivia miniata.*

Exercício resolvido

Quais plantas são usadas para criar uma sensação de tapete no jardim? Forrações.

Podemos ter essas plantas em todas as situações de luminosidade? Sim, tanto a pleno sol quanto a meia sombra. Apenas devemos escolher a espécie mais adequada em cada situação.

3.3 Floreiras

Floreiras são vasos em que se plantam espécies floríferas, que produzem muitas flores. Geralmente são dispostas sob janelas ou penduradas em estruturas como pilares e pergolados. A seguir mostraremos uma lista com sugestões de plantas para floreiras.

3.3.1 *Calceolaria x herbeohybrida* – família Calceolariaceae

- Nomes populares: calceolária, sapatinho-de-vênus
- Origem: Chile
- Altura: 30 cm
- Diâmetro: 40 cm
- Parte ornamental: inflorescências em grande número, membranosas, com um lábio inferior inflado parecendo uma bolsa. Cor amarela ou vermelha.

Milena Lachowicz/Shutterstock.com

Figura 3.20 – *Calceolaria x herbeohybrida.*

3.3.2 *Cyclamen persicum* – família Primulaceae

- Nomes populares: ciclame, ciclame-da-pérsia
- Origem: Mediterrâneo
- Altura: 35 cm
- Diâmetro: 30 cm
- Parte ornamental: flores com pedúnculo longo e firme nas cores branca, vermelha, rósea ou roxa.

Svetlana Foote/Shutterstock.com

Figura 3.21 – *Cyclamen persicum.*

3.3.3 *Impatiens walleriana* – família Balsaminaceae

- Nomes populares: maria-sem-vergonha, impatiens
- Origem: África tropical
- Altura: 50 cm
- Diâmetro: 50 cm
- Parte ornamental: flores vermelhas, róseas, roxas ou brancas.

Figura 3.22 – *Impatiens walleriana.*

3.3.4 *Pelargonium peltatum* – família Geraniaceae

- Nomes populares: gerânio, pelargônio
- Origem: África
- Altura: 100 cm
- Diâmetro: 50 cm
- Parte ornamental: inflorescências com hastes longas e pendentes, com flores simples ou dobradas, em diversas cores.

Figura 3.23 – *Pelargonium peltatum.*

3.3.5 *Petunia x hybrida* – família Solanaceae

- Nome popular: petúnia
- Origem: América do Sul
- Altura: 50 cm
- Diâmetro: 50 cm
- Parte ornamental: flores axilares, solitárias, nas cores branca, vermelha, rósea e violeta.

Figura 3.24 – *Petunia x hybrida.*

3.3.6 *Viola x wittrockiana* – família Violaceae

- Nome popular: amor-perfeito
- Origem: Europa, Ásia
- Altura: 25 cm
- Diâmetro: 20 cm
- Parte ornamental: flores vistosas, arredondadas, com manchas internas, nas cores branca, roxa, amarela, rósea e marrom.

Figura 3.25 – *Viola x wittrockiana.*

holbox/Shutterstock.com

Amplie seus conhecimentos

Ao longo do livro, apresentamos uma listagem de espécies ornamentais. Certamente existe um número enorme de opções. Indicamos aqui dois sites nos quais você pode encontrar outras listas de referência de espécies vegetais usadas em paisagismo.

Paisagismo digital: http://www.paisagismodigital.com

Jardineiro: http://www.jardineiro.net/

Vamos recapitular?

Neste capítulo, apresentamos algumas opções de espécies de forração para espaços a pleno sol e a meia sombra. Algumas dessas espécies podem também ser utilizadas em vasos e floreiras. O conhecimento sobre suas características ornamentais, como folhas e flores, além de suas dimensões, como porte (altura) e diâmetro, auxiliam na organização dessa vegetação em projetos de paisagismo.

Agora é com você!

1) Desenhe, em uma folha de papel, um canteiro em planta baixa com algumas espécies de forração. Lembre-se de utilizar escala recomendada pelo professor.

2) Desenhe ou fotografe espécies de forrações presentes em locais próximos a você. Em seguida, acesse o site Paisagismo Digital para encontrar seus nomes e suas características.

3) Crie uma lista com espécies de forração de origem africana.

4) Crie uma lista com espécies de forração de origem americana.

4

Gramados Esportivos e Ornamentais

Para começar

Este capítulo reúne os principais tipos de grama usados no Brasil. O uso do gramado no paisagismo está muito relacionado às atividades físicas e ao lazer, pois o gramado permite o pisoteio, desde que tomemos algumas precauções, como evitar o uso intenso e localizado.

4.1 Uso do gramado

Para uma bela composição de jardim, o uso de gramados traz charme e sensação de tranquilidade. O gramado é o espaço para nos expormos ao sol, realizarmos atividades físicas ou esportivas, ou simplesmente para relaxarmos.

Os gramados podem ter se originado dentro de assentamentos medievais utilizados para pastoreio de gado. A palavra *lawn*, em inglês (gramado em português) foi usada pela primeira vez em 1540, e muitas vezes representava um local de culto. Os gramados se tornaram populares com a aristocracia do norte da Europa, na Idade Média. O clima úmido da Europa Ocidental foi propício para a criação e a manutenção dos gramados, que não faziam parte do conceito de "jardins" em outras regiões e culturas do mundo, até sofrerem influência contemporânea a partir do século XIX.

Os tipos de grama são bem variados, e cada um tem suas características próprias. Um belo gramado é um importante elemento decorativo no jardim. Ele oferece contraste e dá realce para árvores, cercas vivas, canteiros e espécies isoladas, além de criar uma área de recreação e repouso para adultos e crianças. Hoje em dia, a grama também é utilizada para conter erosões e trazer conforto térmico. Suas principais funções são: ocupação de grandes espaços livres, criação de condições para a prática de esportes e amenização climática. Necessitam de alta manutenção: corte e rega frequentes.

Antes da invenção das máquinas de corte, em 1830, os gramados eram geridos de forma muito diferente. Eles eram um elemento presente em propriedades ricas. Em alguns lugares, foram mantidos pelos métodos de trabalho intensivo e em outros, pela pastagem de animais, como ovelhas. Gramados semelhantes aos de hoje apareceram pela primeira vez na França e na Inglaterra, em 1700, quando André Le Nôtre desenhou os jardins do Palácio de Versalhes, que incluiu uma pequena área de grama chamada de *tapis vert*, ou tapete verde.

4.2 Gramas

A seguir, apresentamos uma lista das principais espécies de grama utilizadas no paisagismo brasileiro.

4.2.1 *Zoysia japonica* – família Poaceae

» Nome popular: grama-esmeralda

» Característica: folhagem delicada.

» Uso: gramados domésticos a pleno sol.

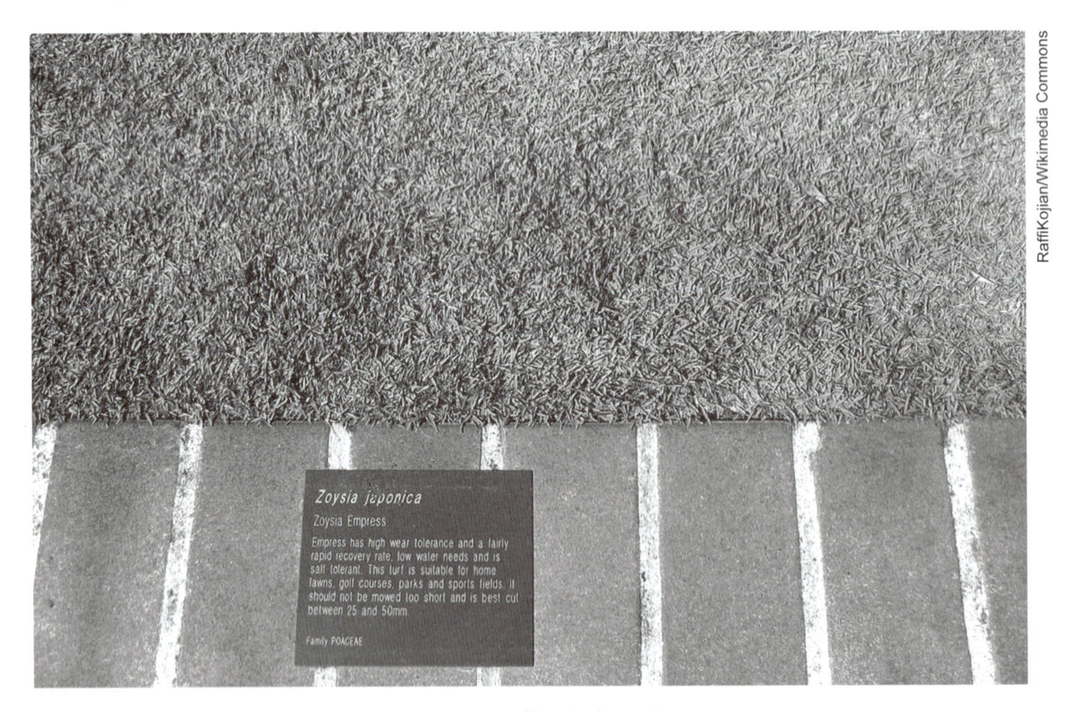

RaffiKojian/Wikimedia Commons

Figura 4.1 – *Zoysia japonica.*

4.2.2 *Cynodon dactylon* – família Poaceae

- Nome popular: grama-bermuda
- Características: folhas estreitas de coloração verde intensa. Bastante macia e resistente ao pisoteio.
- Uso: indicada para campos esportivos em geral, como de futebol, golfe, polo e para *playgrounds*.

Eldred Lim/Shutterstock.com

Figura 4.2 – *Cynodon dactylon*.

4.2.3 *Axonopus compressus* – família Poaceae

- Nome popular: grama-são-carlos
- Características: a grama-são-carlos tem folhas largas, lisas e sem pelos. O caule fica acima do solo. Tem coloração verde vibrante a pleno sol e um pouco mais escura à sombra.
- Uso: parques, praças e grandes extensões

Figura 4.3 – *Axonopus compressus.*

4.2.4 *Stenotaphrum secundatum* – família Poaceae

- Nome popular: grama-santo-agostinho
- Características: a grama-santo-agostinho tem folhas lisas, sem pelos e estreitas, de coloração verde-escura. É rizomatosa, isto é, o caule fica abaixo do solo e emite as folhas para cima.
- Uso: indicada para jardins residenciais e de empresas, principalmente no litoral, formando gramados bem densos.

Figura 4.4 – *Stenotaphrum secundatum.*

4.2.5 *Paspalum notatum* – família Poaceae

- Nome popular: grama-batatais
- Características: a grama-batatais tem folhas longas, firmes e pouco pilosas, de coloração verde--clara. É rústica e rizomatosa, isto é, o caule fica abaixo do solo e emite as folhas para cima.
- Uso: indicada para campos de futebol, jardins públicos e locais de uso intenso.

BotMultichill/Wikimedia Commons

Figura 4.5 – *Paspalum notatum*.

Fique de olho!

Outra espécie do gênero *Paspalum*, de nome científico *Paspalum vaginatum,* é a popular grama *seashore*, uma espécie muito usada em campos de golfe e que pode ser irrigada com água salgada. É utilizada também para recuperação de áreas litorâneas com erosão.

Exercício resolvido

Quais os principais usos do gramado? Ornamentação de jardins, atividades físicas e esportivas e contemplação.

4.3 Composição de gramado

Podemos criar uma composição de jardim utilizando gramado junto com outros elementos de paisagismo, como arbustos, caminhos e edificações. É preciso lembrar – sempre – que o gramado tem a função de piso, área de descanso ao sol ou mesmo de atividades físicas como esporte nas áreas externas.

pisaphotography/Shutterstock.com

Figura 4.6 – Gramado residencial.

Pefkos/Shutterstock.com

Figura 4.7 – Gramado como área de lazer e refeição.

AN NGUYEN/Shutterstock.com

Figura 4.8 – Gramado com caminho.

Figura 4.9 – Gramado sob árvores.

Figura 4.10 – Gramado com lago.

Artens/Shutterstock.com

Figura 4.11 – Gramado com canteiros.

ssguy/Shutterstock.com

Figura 4.12 – Gramado como área de descanso.

Marinerock/Shutterstock.com

Figura 4.13 – Gramado esportivo para futebol.

Gabriele Niepenberg/Shutterstock.com

Figura 4.14 – Gramado esportivo para polo.

Figura 4.15 – Gramado esportivo para golfe.

Figura 4.16 – Gramado esportivo para golfe com pequenas elevações.

Vamos recapitular?

Neste capítulo, apresentamos o uso de gramados no paisagismo e as principais espécies utilizadas no Brasil, bem como a origem do uso e características básicas de cada uma. Aprendemos também que é possível a composição com outros elementos de paisagismo.

Agora é com você!

1) Faça um registro (fotos ou desenhos) das espécies de grama próximo a você. Comente se o uso é mais ornamental ou para atividades físicas e esportivas.

2) Faça uma composição de jardim utilizando o gramado e outros elementos de paisagismo.

3) Qual é a espécie de grama mais indicada para jardins em regiões litorâneas?

4) Qual é a espécie de grama mais indicada para campos de golfe?

Arbustos Ornamentais e Cercas Vivas

Para começar

Este capítulo tem por objetivo apresentar os principais tipos de arbustos ornamentais no Brasil. O uso dos arbustos é indicado para criar barreiras e delimitações em alguns setores do jardim. As cercas vivas são indicadas para isolar o jardim e protegê-lo do vento. Também são usadas para esconder uma área desfavorável do jardim.

5.1 Arbustos

A seguir apresentamos uma lista com algumas espécies arbustivas utilizadas no paisagismo brasileiro, incluindo informações sobre origem, porte, diâmetro e uso ornamental.

5.1.1 *Buxus sempervirens* – família Buxaceae

» Nome popular: buxinho

» Origem: China, Mediterrâneo

» Altura: 4 m

» Diâmetro: 1,5 m

» Parte ornamental: é uma planta extraordinária para trabalhos topiários, pela facilidade com que assume as formas desejadas. Produz madeira dura, compacta e apropriada, nas plantas mais velhas, para marchetaria e instrumentos musicais.

Figura 5.1 – *Buxus sempervirens.*

Fique de olho!

Algumas espécies de arbustos suportam poda drástica, o que contribui com a técnica de topiaria, muito utilizada em paisagismo e jardinagem. A técnica consiste em dar formas geométricas ou figurativas aos arbustos.

5.1.2 *Calliandra tweedii* – família Poaceae

» Nomes populares: esponjinha-vermelha, caliandra

» Origem: Brasil

» Altura: 4 m

» Diâmetro: 2,5 m

» Parte ornamental: inflorescências vermelhas.

Operation Shooting/Shutterstock.com

Figura 5.2 – *Calliandra tweedii.*

5.1.3 *Codiaeum variegatum* – família Euphorbiaceae

- » Nome popular: cróton
- » Origem: ilhas do Pacífico, Malásia, Índia
- » Altura: 3 m
- » Diâmetro: 2 m
- » Parte ornamental: folhas vistosas com cores diversas. Tons alaranjados, marrons e verdes.

MR. SUWIT GAEWSEE-NGAM/Shutterstock.com

Figura 5.3 – *Codiaeum variegatum.*

5.1.4 *Hibiscus rosa-sinensis* – família Malvaceae

- **Nomes populares:** hibisco, mimo-de-vênus
- **Origem:** Ásia tropical
- **Altura:** 5 m
- **Diâmetro:** 2,5 m
- **Parte ornamental:** flores solitárias de diversas cores.

asharkyu/Shutterstock.com

Figura 5.4 – *Hibiscus rosa-sinensis.*

5.1.5 *Hydrangea macrophylla* – família Hydrangeaceae

- **Nome popular:** hortênsia
- **Origem:** China, Japão
- **Altura:** 1,50 m
- **Diâmetro:** 80 cm
- **Parte ornamental:** inflorescências compactas nas cores branca, rósea e tons azulados e roxos.

Jesus Keller/Shutterstock.com

Figura 5.5 – *Hydrangea macrophylla.*

5.1.6 *Ixora chinensis* – família Rubiaceae

- Nome popular: ixora
- Origem: Ásia tropical
- Altura: 2 m
- Diâmetro: 1,5 m
- Parte ornamental: inflorescências com numerosas flores vermelhas, muito visitadas por beija-flores.

isaravut/Shutterstock.com

Figura 5.6 – *Ixora chinensis.*

5.1.7 *Lantana camara* - família Verbenaceae

- Nomes populares: lantana, camará
- Origem: Brasil
- Altura: 2 m
- Diâmetro: 1,5 m
- Parte ornamental: inflorescências compactas com diversas cores.

Figura 5.7 – *Lantana camara.*

5.1.8 *Duranta erecta* - família Verbenaceae

- Nomes populares: duranta, violeteira
- Origem: do México até o Brasil
- Altura: 5 m
- Diâmetro: 3 m
- Parte ornamental: inflorescências recurvadas com flores pequenas roxas ou brancas.

Figura 5.8 – *Duranta erecta.*

5.1.9 *Rhododendron simsii* – família Ericaceae

- Nome popular: azaleia
- Origem: China
- Altura: 2 m
- Diâmetro: 1,8 m
- Parte ornamental: flores de variadas cores, não raro listradas, simples ou dobradas.

Figura 5.9 – *Rhododendron simsii.*

5.1.10 *Rosa x grandiflora* – família Rosaceae

- Nomes populares: rosa, roseira
- Origem: Ásia
- Altura: 2 m
- Diâmetro: 0,8 m
- Parte ornamental: flores com hastes individuais, diversas cores.

Mariusz S. Jurgielewicz/Shutterstock.com

Figura 5.10 – *Rosa x grandiflora.*

Exercício resolvido

Qual o principal uso dos arbustos no paisagismo? Criar barreiras e delimitações em alguns setores do jardim.

5.2 Uso de cerca viva

Quando os arbustos são plantados em linha, obtemos uma cerca viva. Alguns tipos de cercas vivas necessitam de poda frequente. São utilizadas principalmente para criar barreiras entre setores do jardim.

romakoma/Shutterstock.com

Figura 5.11 – Cerca viva – cipreste

boonyarak voranimmanont/Shutterstock.com

Figura 5.12 – Cerca viva florida.

Ron Zmiri/Shutterstock.com

Figura 5.13 – Cerca viva com portão e muro.

Vamos recapitular?

Neste capítulo, apresentamos os arbustos e as cercas vivas como elementos de delimitação no jardim. Seu uso é de fundamental importância para criar um jardim harmônico com os demais estratos vegetais.

Agora é com você!

1) Faça registros (com fotos ou desenhos) das espécies arbustivas existentes em sua região. Divida as imagens em grupos de plantas floríferas e não floríferas.
2) Crie o esboço de um jardim, delimitando-o com arbustos.
3) Faça uma lista de espécies arbustivas com flores ornamentais.
4) Faça uma lista de espécies arbustivas indicadas para topiaria.

6

Trepadeiras

Para começar

Agora, você conhecerá os principais tipos de trepadeiras existentes no Brasil. São plantas que crescem verticalmente com o auxílio de uma estrutura de apoio. As trepadeiras são utilizadas para cobrir estruturas verticais, como pergolados e caramanchões, criando parede e teto verde naturais e protegidos.

6.1 Plantas trepadeiras

A seguir apresentamos uma lista com espécies trepadeiras utilizadas no paisagismo brasileiro. Informações sobre origem, extensão, diâmetro e uso ornamental.

6.1.1 *Clerodendrum thomsonae* – família Lamiaceae

» Nome popular: lágrima-de-cristo

» Origem: África Ocidental

» Extensão: 4 m

» Parte ornamental: inflorescências pendentes brancas e com detalhes vermelhos.

Figura 6.1 – *Clerodendrum thomsonae.*

6.1.2 *Hedera helix* – família Araliaceae

- Nomes populares: hera, hera-inglesa
- Origem: Brasil
- Extensão: 5 m
- Parte ornamental: folhas verdes ou variegadas.

Figura 6.2 – *Hedera helix.*

6.1.3 *Ipomoea purpurea* – família Convolvulaceae

- Nomes populares: ipomea, campainha, glória-da-manhã
- Origem: América tropical
- Extensão: 2,5 m
- Parte ornamental: flores roxas em formato de sino.

Michael Dedman/Shutterstock.com

Figura 6.3 – *Ipomoea purpurea.*

6.1.4 *Parthenocissus tricuspidata* – família Vitaceae

- Nomes populares: falsa-vinha, hera-japonesa
- Origem: China e Japão
- Extensão: 5 m
- Parte ornamental: grandes folhas verdes que se tornam avermelhadas no outono e caem no inverno.

Semmick Photo/Shutterstock.com

Figura 6.4 – *Parthenocissus tricuspidata.*

6.1.5 *Passiflora alata* – família Passifloraceae

- Nomes populares: maracujá, flor-da-paixão
- Origem: Brasil
- Extensão: 2,5 m
- Parte ornamental: grandes flores com pétalas roxas e com o centro branco.

Serenethos/Shutterstock.com

Figura 6.5 – *Passiflora alata.*

6.1.6 *Thunbergia grandiflora* – família Acanthaceae

- Nome popular: tumbérgia-azul
- Origem: Índia
- Extensão: 6 m
- Parte ornamental: flor simples em tons de azul, de florescimento frequente.

Jiggo_thekop/Shutterstock.com

Figura 6.6 – *Thunbergia grandiflora.*

6.1.7 *Thunbergia mysorensis* – família Acanthaceae

- Nome popular: sapatinho-de-judia
- Origem: Índia
- Extensão: 6 m
- Parte ornamental: inflorescências pendentes longas nas cores amarela e vermelha.

Epibase/Wikimedia Commons

Figura 6.7 – *Thunbergia mysorensis.*

6.1.8 *Gloriosa rothschildiana* – família Colchicaceae

» Nomes populares: gloriosa, lírio-trepadeira
» Origem: África
» Extensão: 2 m
» Parte ornamental: flores nas cores amarela e laranja.

Yongkiet Jitwattanatam/Shutterstock.com

Figura 6.8 – *Gloriosa rothschildiana.*

6.1.9 *Vitis vinifera* – família Vitaceae

» Nome popular: uva, parreira
» Origem: Europa
» Extensão: 4 m
» Parte ornamental: frutos comestíveis.

Figura 6.9 – *Vitis vinifera.*

6.1.10 *Epipremnum pinnatum* – família Araceae

- Nome popular: jiboia
- Origem: Ilhas Salomão
- Altura: 2 m
- Parte ornamental: folhagem vistosa de crescimento vigoroso e cor verde clara.

Figura 6.10 – *Epipremnum pinnatum.*

Exercício resolvido

Qual o principal uso das trepadeiras no paisagismo? Cobrir estruturas como pergolados, caramanchões e muros.

6.2 Pergolados, caramanchões, muros e paredes

roibu/Shutterstock.com

Figura 6.11 – Trepadeira sobre parede.

altanaka/Shutterstock.com

Figura 6.12 – Trepadeiras sobre pergolado de passagem.

Christian Mueller/Shutterstock.com

Figura 6.13 – Trepadeiras sobre pergolado de estar de pequeno jardim.

Pablo77/Shutterstock.com

Figura 6.14 – Trepadeiras sobre pergolado de passagem de grande jardim.

photoff/Shutterstock.com

Figura 6.15 – Trepadeiras sobre pequeno pergolado e treliça.

Vamos recapitular?

Neste capítulo, apresentamos as principais trepadeiras brasileiras, que crescem verticalmente sobre estruturas de apoio, como muros, pergolados e caramanchões. Vimos também algumas opções de espécies com folhas ornamentais, flores e frutos.

Agora é com você!

1) Desenhe ou fotografe espécies trepadeiras de locais próximos a você.
2) Faça uma pesquisa sobre as trepadeiras mais indicadas para o clima do Brasil.
3) Faça uma lista com espécies trepadeiras nativas do Brasil.
4) Faça uma lista com espécies trepadeiras exóticas ao Brasil.

7

Árvores

Para começar

Este capítulo tem por objetivo apresentar o uso das árvores no paisagismo do Brasil. As árvores ornamentais são aquelas que, por seu valor estético ou funcional, diferenciam-se de outras espécies, pelas cores de suas folhas, pelos formatos de suas copas, por seu tamanho, por seus troncos e por outras características. Proporcionam sombra e formam parte do cenário paisagístico de praças, parques, bosques ou campos. Atuam de maneira decorativa e trazem uma sensação de cobertura e unidade ao ambiente.

7.1 Árvores

A seguir apresentamos uma relação de espécies arbóreas utilizadas no paisagismo brasileiro, incluindo informações sobre origem, altura e diâmetro.

7.1.1 *Bauhinia variegata* – família Leguminosae

» Nome popular: pata-de-vaca

» Origem: Ásia

» Altura: 8 m

» Diâmetro: 6 m

Figura 7.1 – *Bauhinia variegata*.

7.1.2 *Caesalpinia echinata* – família Leguminosae

- Nome popular: pau-brasil
- Origem: Brasil
- Altura: 12 m
- Diâmetro: 8 m

Figura 7.2 – *Caesalpinia echinata*.

7.1.3 *Caesalpinia ferrea* – família Leguminosae

- Nome popular: pau-ferro
- Origem: América tropical
- Altura: 25 m
- Diâmetro: 10 m

Ligia/Wkimedia Commons

Figura 7.3 – *Caesalpinia ferrea*.

7.1.4 *Ceiba speciosa* – família Bombacaceae

- Nome popular: paineira
- Origem: América do Sul
- Altura: 30 m
- Diâmetro: 10 m

Figura 7.4 – *Ceiba speciosa*.

7.1.5 *Delonix regia* – família Leguminosae

- » Nome popular: flamboyant
- » Origem: Madagascar
- » Altura: 15 m
- » Diâmetro: 10 m

Figura 7.5 – *Delonix regia*.

7.1.6 *Erythrina speciosa* – família Leguminosae

- Nomes populares: eritrina, candelabro, mulungu-do-litoral
- Origem: Brasil
- Altura: 5 m
- Diâmetro: 5 m

Alexander Bark/Shutterstock.com

Figura 7.6 – *Erythrina speciosa.*

7.1.7 *Eugenia uniflora* – família Myrtaceae

- Nome popular: pitanga
- Origem: Brasil
- Altura: 10 m
- Diâmetro: 4 m

Figura 7.7 – *Eugenia uniflora.*

7.1.8 *Jacaranda mimosaefolia* – família Bignoniaceae

- Nome popular: jacarandá-mimoso
- Origem: América do Sul
- Altura: 15 m
- Diâmetro: 10 m

Figura 7.8 – *Jacaranda mimosaefolia.*

7.1.9 *Lagerstroemia indica* – família Lythraceae

- Nome popular: resedá
- Origem: Índia
- Altura: 5 m
- Diâmetro: 3 m

alybaba/Shutterstock.com

Figura 7.9 – *Lagerstroemia indica*.

7.1.10 *Plinia cauliflora* – família Myrtaceae

- Nome popular: jaboticabeira
- Origem: Brasil
- Altura: 15 m
- Diâmetro: 8 m

Magnus Manske/Wikimedia Commons

Figura 7.10 – *Plinia cauliflora.*

7.1.11 *Plumeria rubra* – família Apocynaceae

» Nome popular: jasmim-manga

» Origem: América do Sul

» Altura: 7 m

» Diâmetro: 3,5 m

alybaba/Shutterstock.com

Figura 7.11 – *Plumeria rubra.*

7.1.12 *Handroanthus impetiginosus* – família Bignoniaceae

- Nome popular: ipê-roxo
- Origem: Brasil
- Altura: 30 m
- Diâmetro: 13 m

Mauroguanandi/Wikimedia Commons

Figura 7.12 – *Handroanthus impetiginosus.*

7.1.13 *Tibouchina mutabilis* – família Melastomataceae

- Nome popular: manacá-da-serra
- Origem: Brasil
- Altura: 15 m
- Diâmetro: 8 m

Mauroguanandi/Wikimedia Commons

Figura 7.13 – *Tibouchina mutabilis.*

7.1.14 *Tipuana tipu* - família Leguminosae

- Nome popular: tipuana
- Origem: Brasil
- Altura: 15 m
- Diâmetro: 8 m

Daniel Ventura/Wikimedia Commons

Figura 7.14 – *Tipuana tipu.*

7.1.15 *Araucaria angustifolia* – família Araucariaceae

- Nomes populares: araucária, pinheiro-do-paraná
- Origem: Brasil
- Altura: 40 m
- Diâmetro: 12 m

Celso Pupo/Shutterstock.com

Figura 7.15 – *Araucaria angustifolia.*

Fique de olho!

A espécie *Araucaria angustifolia*, popularmente conhecida como pinheiro-do-paraná, além de ser uma espécie nativa ornamental, produz o fruto conhecido como pinhão, um alimento muito apreciado no inverno nas regiões Sul e Sudeste do Brasil.

7.2 Arvoredos e bosques

Podemos obter um belo conjunto de árvores ao plantá-las próximas umas das outras. Isso criaria arvoredos ou bosques, ambientes capazes de proporcionar dessa forma um ambiente mais sombreado, fresco e úmido.

Dave Allen Photography/Shutterstock.com

Figura 7.16 – Bosque fechado.

Dariush M/Shutterstock.com

Figura 7.17 – Alameda, caminho de passagem com árvores.

Mark Bridger/Shutterstock.com

Figura 7.18 – Árvores em renque (alinhadas).

Vamos recapitular?

As árvores são elementos importantes para compor um jardim. Suas diversas formas plásticas, texturas, flores e frutos complementam o nível mais alto do jardim. O estrato arbóreo traz, com sua cobertura, uma sensação de segurança e naturalidade. As árvores são muito utilizadas em grandes projetos residenciais, praças e parques.

Agora é com você!

1) Desenhe ou fotografe árvores ornamentais de um local na região em que você mora.
2) Pesquise árvores ornamentais nativas da região onde você reside.
3) Faça uma lista com árvores ornamentais nativas do Brasil.
4) Faça uma lista com árvores ornamentais exóticas ao Brasil.

Palmeiras

Para começar

Este capítulo tem por objetivo apresentar os principais tipos de palmeiras ornamentais no Brasil. A maioria delas é de regiões tropicais e subtropicais, e o uso ornamental está muito associado ao estilo de jardim tropical. São plantas de porte variado, geralmente com caule bem vertical. Suas folhas são pinadas ou palmadas, com pecíolos longos, em geral com bainha envolvente. Suas raízes são superficiais, o que demanda um cuidado especial quando transplantadas, pois, se forem plantadas sem um tutor, podem correr risco de queda.

8.1 Lista de espécies

Apresentamos uma listagem com as principais informações sobre origem, altura e diâmetro das palmeiras empregadas no paisagismo brasileiro.

8.1.1 *Caryota mitis* – família Arecaceae

» Nome popular: palmeira-rabo-de-peixe

» Origem: sudeste asiático

» Altura: 15 m

» Diâmetro: 6 m

LRBurdak/Wikimedia Commons

Figura 8.1 – *Caryota mitis*.

8.1.2 *Dypsis decaryi* – família Arecaceae

- Nome popular: palmeira-triângulo
- Origem: Madagascar
- Altura: 6 m
- Diâmetro: 3 m

Figura 8.2 – *Dypsis decaryi.*

8.1.3 *Dypsis lutescens* – família Arecaceae

- Nome popular: areca-bambu
- Origem: Madagascar
- Altura: 7 m
- Diâmetro: 4 m

Jeffdelonge/Wikimedia Commons

Figura 8.3 – *Dypsis lutescens.*

8.1.4 *Licuala grandis* – família Arecaceae

- Nome popular: licuala
- Origem: ilhas do Pacífico
- Altura: 4 m
- Diâmetro: 1,5 m

Raul654/Wikimedia Commons

Figura 8.4 – *Licuala grandis.*

8.1.5 *Phoenix roebelenii* – família Arecaceae

- Nome popular: palmeira-fênix
- Origem: sudeste asiático
- Altura: 4 m
- Diâmetro: 1,8 m

BotMultichillT/Wikimedia Commons

Figura 8.5 – *Phoenix roebelenii.*

8.1.6 *Roystonea oleracea* – família Arecaceae

- Nome popular: palmeira-imperial
- Origem: Antilhas
- Altura: 40 m
- Diâmetro: 5 m

Magnus Manske)/Wikimedia Commons

Figura 8.6 – *Roystonea oleracea.*

8.1.7 *Roystonea regia* – família Arecaceae

» Nome popular: palmeira-real

» Origem: Antilhas

» Altura: 25 m

» Diâmetro: 4,5 m

Figura 8.7 – *Roystonea regia*.

8.1.8 *Syagrus romanzoffiana* – família Arecaceae

- Nome popular: jerivá
- Origem: América do Sul
- Altura: 15 m
- Diâmetro: 4,5 m

BotMultichillT/Wikimedia Commons

Figura 8.8 – *Syagrus romanzoffiana*.

Fique de olho!

A espécie *Syagurs romanzoffiana*, popularmente chamada de jerivá, é nativa do Brasil e ocorre com muita frequência na Mata Atlântica. Seus frutos são alimento para várias espécies de aves, que promovem, assim, a dispersão de suas sementes, mantendo o equilíbrio ecológico do ambiente.

8.1.9 *Livistona chinensis* – família Arecaceae

» Nome popular: palmeira-de-leque

» Origem: China, Japão

» Altura: 15 m

» Diâmetro: 4 m

Figura 8.9 – *Livistona chinensis.*

8.1.10 *Archontophoenix cunninghamiana* – família Arecaceae

- Nome popular: seafórtia
- Origem: Austrália
- Altura: 15 m
- Diâmetro: 4 m

Daderot/Wikimedia Commons

Figura 8.10 – *Archontophoenix cunninghamiana.*

8.2 Uso paisagístico

O uso das palmeiras no paisagismo traz a sensação de ambiente tropical, geralmente associado a florestas a beira-mar. O uso em piscinas e espelhos d'água aumenta ainda mais a impressão de espaço de relaxamento e férias.

AppStock/Shutterstock.com

Figura 8.11 – Palmeiral: conjunto de palmeiras.

Pawel Kazmierczak/Shutterstock.com

Figura 8.12 – Palmeiras junto a lago.

Figura 8.13 – Palmeiras e caminho à beira-mar.

Figura 8.14 – Área de descanso com palmeiras ao fundo.

Bule Sky Studio/Shutterstock.com

Figura 8.15 – Piscina com palmeiras.

Vamos recapitular?

As palmeiras, quando usadas no paisagismo, trazem a sensação tropical ao ambiente. Há palmeiras nativas e exóticas no Brasil. Algumas, por terem um caule bem vertical e alto, fornecem caráter imponente ao jardim, à praça ou ao parque.

Agora é com você!

1) Desenhe ou fotografe palmeiras na região em que você mora.
2) Pesquise palmeiras nativas da região onde você mora.
3) Desenhe um jardim tropical utilizando palmeiras.
4) Qual é o nome botânico do caule das palmeiras?

Plantas para Interiores

Para começar

Neste capítulo, você conhecerá as principais plantas para interiores. O uso de plantas adaptadas à situação de meia sombra aumenta a possibilidade de ornamentação e paisagismo nas residências e edificações. Em um ambiente interno, a condição de desenvolvimento de uma planta deve ser respeitada: cada planta tem uma necessidade mínima de luz, e a irrigação deve ser garantida para plantas em vasos. Saber o tamanho adulto da planta também é importante, pois a falta de planejamento pode interferir na disposição dos móveis.

9.1 Lista de plantas

A seguir apresentamos uma lista com espécies para interiores. Informações sobre origem, altura e diâmetro.

9.1.1 *Rhapis excelsa* – família Arecaceae

» Nome popular: palmeira-ráfis

» Origem: China

» Altura: 3 m

» Diâmetro: 2,5 m

Srtxg/Wikimedia Commons

Figura 9.1 – *Rhapis excelsa.*

9.1.2 *Adiantum raddianum* – família Pteridaceae

» Nome popular: avenca
» Origem: Brasil
» Altura: 0,4 m
» Diâmetro: 0,6 m

Somchai Buddha/Shutterstock.com

Figura 9.2 – *Adiantum raddianum.*

9.1.3 *Guzmania lingulata* – família Bromeliaceae

- Nome popular: gusmânia
- Origem: América do Sul
- Altura: 0,4 m
- Diâmetro: 0,7 m

Figura 9.3 – *Guzmania lingulata.*

9.1.4 *Begonia masoniana* – família Begoniaceae

- Nome popular: begônia-cruz-de-ferro
- Origem: Ásia tropical
- Altura: 0,3 m
- Diâmetro: 0,4 m

Figura 9.4 – *Begonia mansoniana.*

9.1.5 *Spathiphyllum wallisii* – família Araceae

- Nome popular: lírio-da-paz
- Origem: Colômbia
- Altura: 0,5 m
- Diâmetro: 0,6 m

Figura 9.5 – *Spathiphyllum wallisii.*

9.1.6 *Dracaena fragrans* – família Asparagaceae

- Nomes populares: dracena, pau-d'água
- Origem: África tropical
- Altura: 2 m
- Diâmetro: 1 m

Figura 9.6 – *Dracaena fragrans.*

9.1.7 *Maranta leuconeura* – família Marantaceae

» Nome popular: maranta-pena-de-pavão

» Origem: Brasil

» Altura: 0,2 m

» Diâmetro: 0,5 m

Topjabot/Wikimedia Commons

Figura 9.7 – *Maranta leuconeura.*

Fique de olho!

Você sabia que as espécies da família Marantaceae são muito comuns na Mata Atlântica? Além de possuírem uma folhagem muito ornamental, são importantes para a ecologia da floresta.

9.1.8 *Saintpaulia ionantha* – família Gesneriaceae

» Nomes populares: violeta, violeta-africana

» Origem: África

» Altura: 0,2 m

» Diâmetro: 0,3 m

Gene Lee/Shutterstock.com

Figura 9.8 – *Saintpaulia ionantha.*

9.1.9 *Zamioculcas zamiifolia* – família Araceae

» Nome popular: zamioculca

» Origem: África tropical

» Altura: 0,7 m

» Diâmetro: 0,5 m

Figura 9.9 – *Zamioculca zamiifolia.*

9.1.10 *Anthurium andraeanum* – família Araceae

» Nome popular: antúrio

» Origem: América do Sul

» Altura: 0,8 m

» Diâmetro: 0,5 m

Figura 9.10 – *Anthurium andraeanum.*

Exercício resolvido

O que não devemos esquecer na hora de usar uma planta de interior em uma residência?

Quantidade mínima de luz no ambiente, espaço que a planta ocupará e necessidade de água da planta escolhida.

9.2 Uso paisagístico

Utilizamos as plantas de interiores em locais protegidos da exposição do sol e do vento, geralmente dentro das residências e próximas de uma fonte de luz indireta, que podem ser janelas, portas ou aberturas no teto como claraboias.

Figura 9.11 – Sala de estar com plantas de interior.

Figura 9.12 – Sala de jantar com plantas de interior.

Figura 9.13 – Poltrona cercada por plantas de interior.

Qiwen/Shutterstock.com

Figura 9.14 – Canteiro de plantas de interior sob escada.

Amplie seus conhecimentos

O site a seguir oferece uma grande lista de espécies que são indicadas para interiores.
Acesse <http://www.plantas-interior.com/>.

Vamos recapitular?

Você aprendeu que é possível usar plantas no interior das residências, mas é preciso ter atenção para a necessidade de luz e água das plantas escolhidas. Várias composições são possíveis em ambientes de usos diversos, e o uso não se restringe às folhagens: há também espécies floríferas de meia sombra.

Agora é com você!

1) Registre, com fotos ou desenhos, plantas de interior em locais próximos a você.
2) Crie, em uma folha de papel, um esboço de um ambiente interno com plantas de interior, utilizando os diâmetros de cada espécie.
3) Faça uma pesquisa e crie uma lista com espécies de interior nativas do Brasil.
4) Faça uma pesquisa e crie uma lista com espécies de interior exóticas ao Brasil.

Composição Plástica

Para começar

Este capítulo tem por objetivo apresentar algumas sugestões de composição plástica utilizando plantas ornamentais no jardim. Aproveitando as diversas formas, texturas e cores das espécies vegetais, é possível obter diversos resultados estéticos.

10.1 Escolha das plantas

Devemos sempre ter um plano básico do local a ser ajardinado para realizar uma seleção mais específica. É importante conhecer as formas e os contornos do jardim, levando em conta a interação entre as plantas, além de considerar o equilíbrio geral de contrastes e a harmonia dos elementos. O uso de folhas e flores de cores contrastantes, uma ao lado da outra, proporciona um êxito maior. As cores quentes brilhantes, como o vermelho e o laranja, criam sensação de calor e de redução de distâncias, enquanto as cores mais frias, como o azul e o verde-escuro, aumentam as distâncias. Por exemplo, em um jardim pequeno, você deve plantar espécies que tenham folhas e flores de cores frias, pois assim terá a impressão de um jardim maior.

Outro detalhe importante é o equilíbrio entre plantas caducifólias, cujas folhas caem, e plantas perenes. Muitas plantas perenes podem causar sensação de tédio em razão da repetição de comportamentos. Por outro lado, muitas plantas caducifólias não criam pontos de interesse durante uma parte do ano, pois ficam sem folhas.

2009fotofriends/Shutterstock.com

Figura 10.1 – Composição de jardim composto por plantas caducifólias em diversas cores e tonalidades.

Ilya D. Gridnev/Shutterstock.com

Figura 10.2 – Jardim com cor fria – tons de azul. *Hydrangea macrophylla, hortênsia.*

Figura 10.3 – Jardim com cor fria – tons de verde.

Figura 10.4 – Jardim com cores quentes – tons de vermelho e de amarelo. *Tagetes patula.*

Figura 10.5 – Jardim com cores quentes. banco vermelho e flores de cor laranja.

10.2 Forma e proporção

As cores das flores e das folhas, isoladamente, não nos proporcionam uma visão satisfatória do jardim como um todo. A estrutura e a forma também são muito importantes na manutenção de um belo efeito. Por exemplo, utilizar uma espécie de folhas pontiagudas junto com uma espécie de folhas pendentes pode criar um efeito de contraste de formas no jardim. Evitando assim a monotonia.

O uso de plantas de porte e altura diferentes também traz uma escala mais harmônica, inclusive para um jardim pequeno. Podemos também utilizar as plantas para alterar ou esconder um local que não queremos destacar; um arbusto colocado na esquina de um caminho ou plantas pendentes cobrindo uma parte do pavimento trazem informalidade ao espaço.

Algumas plantas são mais interessantes quando plantadas em conjunto, formando maciços e emoldurando caminhos ou desníveis que somem e voltam a surgir e pontos de chegada. Caminhos curvos emoldurados com grama, arbustos protegendo bancos, canteiros com arbustos e forrações margeando escadas.

Figura 10.6 – Jardim vertical com folhas de diversas formas, texturas e cores. Folhas eretas e pendentes.

Figura 10.7 – Jardim com conjuntos de gramíneas (capins ornamentais) maciços.

Tom Gowanlock/Shutterstock.com

Figura 10.8 – Jardim com arbustos pontuando caminho.

Janno Loide/Shutterstock.com

Figura 10.9 – Jardim em declive composto de plantas verticais eretas e plantas rasteiras.

Figura 10.10 – Uso da vegetação como bloqueio visual.

10.3 Cores

O círculo cromático é um instrumento de grande utilidade na hora de escolher e harmonizar um ambiente, e o paisagismo pode se beneficiar de sua prática. Dentro do círculo cromático as cores primárias são, vermelho, amarelo e azul. As cores quentes são o vermelho, amarelo e tons de laranja. E as cores frias são, azul, verde e tons de violeta. No meio ambiente, há um número muito grande de variações de cor em flores e folhas, que mudam de forma progressiva de acordo com a estação do ano. As cores mudam com a intensidade da luz: cores quentes parecem mais pálidas no crepúsculo, enquanto cores frias ganham luminosidade; em climas ensolarados, as cores quentes são mais adequadas, e em climas mais nublados, as cores mais frias, principalmente flores brancas, oferecem melhor harmonia. Na verdade, não existem regras fixas; o importante é criar um balanço harmônico. Os jardins monocromáticos (de apenas uma cor ou de tons da mesma cor) são também uma excelente opção, porém é importante lembrar que, na verdade, não há apenas uma cor, mas tonalidades dela distribuídas pelo jardim.

Amplie seus conhecimentos

Para saber mais sobre a Teoria das Cores e círculo cromático, acesse os sites a seguir: <http://www.teoriadascores.com.br/discos-cromaticos.php> e <http://www.tintasepintura.pt/roda-das-cores-e-esquemas-de-cores/>.

Figura 10.11 – Planta ornamental *(Salvia splendes)* com flor da cor primária vermelha.

Figura 10.12 – Planta ornamental (*Tagetes erecta*) com flor da cor primária amarela.

Kei Shooting/Shutterstock.com

Figura 10.13 – Planta ornamental e aromática (*Lavandula angustifolia*) com flor da cor primária azul e suas variações.

Nikolaj Kondratenko/Shutterstock.com

Figura 10.14 – Conjunto de samambaia com tom verde-azulado.

Dhoxax/Shutterstock.com

Figura 10.15 – Luz do sol sobre jardim.

Figura 10.16 – Jardim em dia nublado, de pouca luz.

10.4 Folhagens

Uma planta de folhagem não é, necessariamente, uma planta sem flores, mas uma planta cujo caráter ornamental está principalmente nas folhas. As plantas de folhagem variam muito em formas e texturas, desde enormes e extensas até delicadas e frondosas; de frágeis a robustas e brilhantes. As folhas podem também ser variegadas, com uma parte verde e outra com tons mais claros. As plantas de folhagem são mais indicadas para jardins urbanos, pois amenizam muito os elementos construídos duros, como muros, paredes e escadas.

Figura 10.17 – Planta ornamental com folhagem (*Philodendrum sp*).

Figura 10.18 – Jardim de folhagens.

Figura 10.19 – Jardim de folhagens.

Exercício resolvido

Qual é a principal função plástica do uso de folhagens em ambientes urbanos?

Produzir uma amenização dos elementos construídos duros da arquitetura, trazendo mais informalidade a esses ambientes.

Figura 10.20 – Jardim de vasos com folhagens.

Vamos recapitular?

Neste capítulo, você aprendeu que é possível usar o conceito de harmonia plástica no paisagismo. Várias composições são possíveis em ambientes de uso diverso. Cores, texturas e porte são os principais elementos de desenho no jardim. O uso das plantas como ornamentos não se restringe somente às flores, mas também às folhagens. Com esses recursos de composição, podem-se obter sensações diversas.

Agora é com você!

1) Quais são as cores primárias?
2) Um jardim com cores quentes cria qual sensação em relação ao tamanho?
3) É recomendado usar espécies ornamentais de diferentes portes no jardim?
4) Faça o esboço de um pequeno jardim utilizando os conceitos de harmonia de cores, texturas e portes.

Bibliografia

ABBUD, B. **Criando paisagens:** guia de trabalho em arquitetura paisagística. 4. ed. São Paulo: Senac, 2010.

GONÇALVES, E. G.; LORENZI, H. **Morfologia vegetal:** organografia e dicionário ilustrado de morfologia das plantas vasculares. Nova Odessa, SP: Instituto Plantarum, 2007.

JARDINEIRO.NET. Disponível em: <http://www.jardineiro.net/>. Acesso em: 29 jun. 2014.

LORENZI, H. **Árvores brasileiras:** manual de identificação e cultivo de plantas arbóreas nativas do Brasil. 5. ed. Nova odessa, SP: Instituto Plantarum, 2010.

______. **Árvores brasileiras:** manual de identificação e cultivo de plantas arbóreas nativas do Brasil. 3. ed. Nova odessa, SP: Instituto Plantarum, 2009.

______. **Palmeiras brasileiras e exóticas cultivadas**. Nova Odessa, SP: Instituto Plantarum, 2004.

______. **Árvores exóticas no Brasil:** madeireiras, ornamentais e aromáticas. Nova Odessa, SP: Instituto Plantarum, 2003.

LORENZI, H.; SOUZA, H. M. **Plantas Ornamentais no Brasil:** arbustivas, herbáceas e trepadeiras. 4. ed. Nova Odessa, SP: Instituto Plantarum, 2008.

PAISAGISMO DIGITAL. Disponível em: <http://www.paisagismodigital.com>. Acesso em: 29 jun. 2014.

Marcas Registradas